SERIE DI SEMPLICI SPIEGAZIONI, SUI TRATTAMENTI DI RIPRODUZIONE UMANA ASSISTITO

INDICE.--

INSEMINAZIONE ARTIFICIALE (AI) -3
INSEMINAZIONE ARTIFICIALE (AI) -8
PRIMO PASSO (1) -13
SECONDO PASSO (2) -15
TERZO PASSO (3) -17
FASE QUATTRO (4) -19
QUINTO PASSO (5) -21
INDICAZIONE IA -22

INSEMINAZIONE ARTIFICIALE (IA)

Sono un embriologo, ho osservato, il

quanto è difficile per i pazienti (gli utenti) arrivano alla clinica riproduzione umana assistita e conoscenza del dettagli di ogni trattamento, riproduzione umana assistita (AHR).

All'interno della Clinica ne abbiamo alcuni trattamenti, tra cui:

- Inseminazione artificiale.
- Coito programmato.
- Fecondazione in vitro.
- ICSI.
- Vetrificazione di uova o embrioni, che consistono nel congelare il

uova o embrioni.

- Donazione di ovuli e donazione di ovuli sperma.

   Tra gli altri.

NOTA: In questo libretto scriverò e spiegando solo l'IA (Insemination Artificial) e gli altri dell'altra serie inoltrare.

Machine Translated by Google

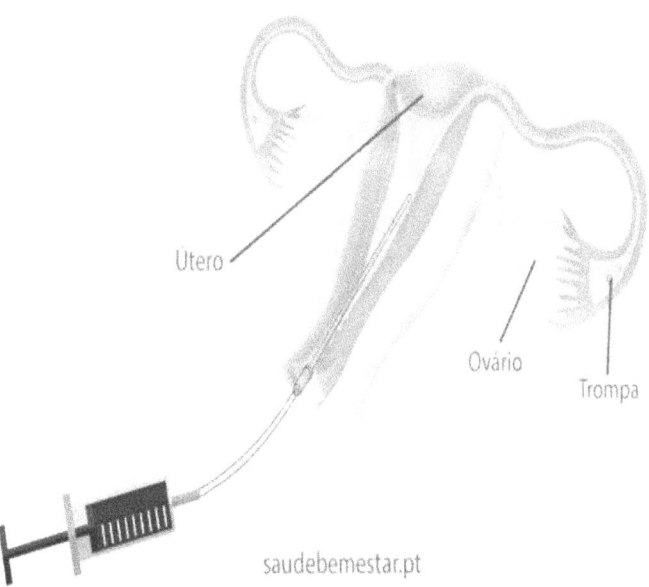

__Inseminazione__

Artificiale o AI.

Consiste nell'introdurre a campione di sperma, sia da partner o un donatore, nel utero della donna.

Con questa procedura il probabilità di gravidanza è maggiore che attraverso a rapporti sessuali per molti

motivi:

- Il seme viene processato in laboratorio: per selezionare solo lo sperma mobile in grado di fecondare l'ovulo;
- C'è un processo di stimolazione ovarica, che cerca lo sviluppo di diversi follicoli utilizzando a regime di stimolazione delle gonadotropine; In questo modo, la crescita è controllata e maturazione dei follicoli, che aumenta il

probabilità di gravidanza;
- Lo sperma viene introdotto nel utero all'incirca nel momento in cui l'ovaio rilascia uno degli ovuli da fecondare;
- la procedura è programmata in modo che avvenga nel momento ideale di crescita e maturazione delle uova.

Cioè, l'obiettivo dell'inseminazione artificiale (AI) è rispettare il più possibile l'ambiente naturale dei gameti,

favorendo così la fecondazione.
Questa tecnica consiste in posizionamento di un campione di sperma, precedentemente preparato in laboratorio, all'interno dell'utero della donna al fine di aumentare il potenziale spermatico e possibilità di fecondazione degli ovuli.

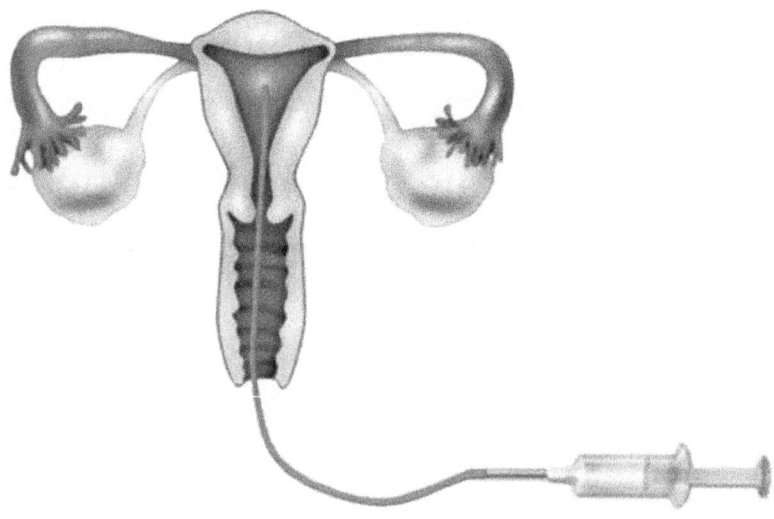

Primo passo (1)

Stimolazione ovarica con inizio del trattamento -

è definito dal ciclo mestruale della donna -

inizia la stimolazione ovarica che dura da 10 a 12 giorni.

Questa stimolazione aumenta le possibilità di successo, poiché la donna produce naturalmente solo un uovo ogni ciclo mestruale, stimolando avremo una produzione da 1 a 2 uova.

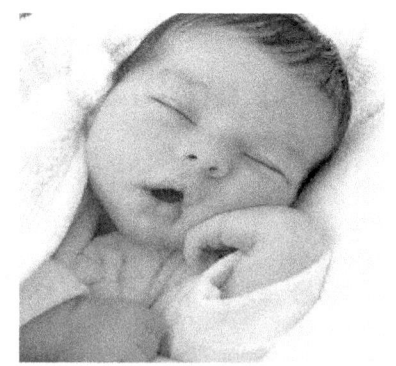

Secondo passo (2)

Preparazione e controllo follicolare
Il medico specialista effettua un esauriente follow-up della stimolazione mediante ultrasuoni (3 o 4) ed esami del sangue.

Una volta che i follicoli raggiungono il numero e le dimensioni corretti all'interno dell'ovaio, deve essere somministrata u dell'ormone hCG per indurre l'ovulazione e, 36 ore dopo,

è prevista l'inseminazione artificiale.

Terzo passo (3)

Preparazione del campione di sperma

Il giorno dell'inseminazione artificiale, nel laboratorio di andrologia, viene preparato un campione di sperma per migliorarne la qualità e aumentare così le probabilità di fecondazione.

Se si utilizza lo sperma del partner, l'uomo deve consegnare un campione di sperma al laboratorio 2:00 h prima del trattamento.

La preparazione consente ai nostri andrologi di selezionare e concentrare lo sperma più mobile e agile, scartando i morti,

immobile o in movimento lento.

Quarto passo (4)

Inseminazione artificiale: si effettua in consultazione senza sedazione e senza necessità di passare in sala operatoria.

Dopo aver posizionato lo speculum, il campione di sperma viene introdotto attraverso a cannula nell'utero.

Dopo questo processo, e dopo aver riposato per alcuni minuti, gli specialisti ti informeranno del momento migliore per eseguire il test di gravidanza attraverso l'analisi del sangue, che dovrebbe essere tra 1

inseminazione.

Gli esperti raccomandano di fare una vita normale durante questo periodo.

tempo di attesa, evitando

solo attività ad alta intensità.

Quinto passo (5)

segmenti gestazionali

Se positivo, 20 giorni dopo

si esegue un'ecografia di controllo, che confermerà il "sacco embrionale", una volta dimessa si potrà proseguire il segmento di gravidanza con il proprio ginecologo

INDICAZIONE AI

L'inseminazione artificiale è solo indicato nei casi in cui a almeno una tuba di Falloppio funziona normalmente, e quello un numero numero minimo di spermatozoi forma e mobilità normali.

Questi criteri di solito includere le coppie nel seguito situazioni:

- **spermogramma con modifiche** leggero;
- **sterilità senza causa** apparente;
- **coppie omosessuali femminili;**
- **utilizzo di seme donato.**

Riferimento:

Google

www.ingramcontent.com/pod-product-compliance
Lightning Source LLC
Chambersburg PA
CBHW050329220526
45465CB00005B/2201